Martin Eder

Ein Überblick über die Siedlungen des ländlichen Raumes

GRIN Verlag

Bibliografische Information der Deutschen Nationalbibliothek:

Die Deutsche Bibliothek verzeichnet diese Publikation in der Deutschen Nationalbibliografie; detaillierte bibliografische Daten sind im Internet über http://dnb.d-nb.de/ abrufbar.

Impressum:

Druck und Bindung: Books on Demand GmbH, Norderstedt Germany
ISBN: 978-3-668-00061-2

Siedlungsgeographie

[Grundvorlesung Breuer WS 1997/98]

(teilweise ergänzt mit LIENAU, Cay: Die Siedlungen des ländlichen Raumes)

0 Definitionen und Fragestellungen der Siedlungsgeographie

Gabriele SCHWARZ:
Die ländlichen Siedlungen ... sind dadurch charakterisiert, dass ihre Bevölkerung Pflanzen- und Tierwelt zur Erlangung von Nahrung und Kleidung für die Eigenversorgung nutzt, sowie die gewonnenen Erzeugnisse teilweise dem Markt zur Verfügung stellt.

nach LIENAU:
Landwirtschaft als traditionelle Erwerbsart stimmt für unsere Räume nicht mehr Siedlungen des ländlichen Raumes

ländlicher Raum = Raumkategorie

▲ städtischer Raum, städtischer Verdichtungsraum Stadtregion	⇔	ländlicher (Siedlungs-) Raum	⇔	nicht besiedelter und nichtkultivierter Raum

<u>Siedlung</u> = jeder menschliche Wohnplatz mit seinen wohn- und Wirtschaftsbauten, den Verkehrsflächen (Straßen, Wege, Plätze), den Gärten und Hofplätzen, Erholungsflächen (Grünanlagen, Sportplätze) und Sonderwirtschaftflächen (Ausstellungsplätze, Hafenanlagen)

Siedlung ⇔ Flur

<u>ländlicher Raum</u> (Definitionskriterien)

- ⇨ Dominanz der land- und forstwirtschaftlich genutzten Flächen
- ⇨ Siedlungen von relativ geringer Größe, geringe Bebauungsdichte
- ⇨ geringe Arbeitsplatzdichte

⇨ geringe Industriedichte, geringe Größe der Industriebetriebe, Hervortreten bestimmter Industriearten, schmaleres Spektrum der im ländlichen Raum vertretenen Berufsgruppen, geringere Einkommen, höherer Anteil an im primären Sektor arbeitender Menschen

⇨ Versorgung mit höherwertigen Gütern = in hohem Maße von der Stadt abhängig (=Funktionale Verflechtung des ländl. R. mit dem städt. R.)

⇨ unterschiedliche Entwicklungsdynamik von Stadt und Land

„Passivraum" Land⇔ „Aktivraum" Stadt
mit wirt. und sozialen Impulsen für ländl. Raum → Reaktionsraum

Abgrenzung für städtischen Raum:

Stadtregionen (1953)

Verdichtungsraum (1968)

Siedlungsstrukturelle Gebietstypen (1986)

3 Stufen wissenschaftlichen Arbeitens

- deskriptiv
- explikativ
- normativ

Funktion der ländlichen Räume heute:

- Arbeitskräftereservoir für Ballungsräume
- Reserveraum für städtebauliche Erweiterungen
- Naherholungsraum für städtische Bevölkerung
- ökologischer Ausgleichsraum (z. B. für Wasserversorgung)

objektive Raumerfassung:

Gründungstadium

Genese historisch-genetische Siedlungsgeographie

Lage	Funktion
Form	innere Gliederung

zukünftige Entwicklung Siedlungsplanung

Form = Größe und Gestalt

Funktion (Infrastruktur und sozioökonomische Struktur)

= Zweck, Dauer, im Siedlungsnetz

innere Gliederung

= Arbeiter-, Gewerbe- Villenviertel

Lage (und Verteilung)

relative Lage

absolute individuelle Lage

→ Form-, Funktions-, Lagewandel

verschiedene Methoden wissenschaftlichen Arbeitens

- Beobachtung und Kartierung
- Auswertung aller Arten von schriftlichen Quellen
- Archäologische Methoden
- Ortsnamen-, Wortforschung
- Befragung
- Statistische Verfahren

1 Geschichte der Siedlungsgeographie

1.1 Deterministische Phase

Alexander von HUMBOLDT

Carl RITTER

Beziehung zwischen Mensch und Natur im Vordergrund

Siedlungsgeographie in Abhängigkeit von natürlichen Voraussetzungen

1.2 Genetisch oder morphologische Phase

A. HETTNER widersprach erstmals deterministischen Betrachtungen

morphologische Gestalt = äußere Gestalt von Siedlungen

Kulturgeographie

Mensch gestaltet Naturraum aktiv um

genetisch: GRADMANN

historischer Gang der Ländererschließung → Steppenheide-Theorie

in Gäulandschaften entstehen Siedlungen → neolithische Siedler unfähig Wälder zu roden, Siedlungen in offenen Steppenheiden

1.3 Funktionale Phase

2 Forschungsansätze

Verteilung spezieller funktionaler Typen → Klassifikationsmodelle

Funktionen, die Stadt für kleinere Siedungen dienten

→ zentralörtliche Richtung

Hans BOSBEK, Walter CHRISTALLER

2 Der menschliche Siedlungsraum

= repräsentiert durch Bevölkerung

→ Indikator = Bevölkerungsverteilung auf der Erde

↓

= ungleich !!!

½ Bevölkerung lebt auf 5 % der Erde

5 % bewohnen 50 – 60 %

Große Teile der festen Oberfläche = von dauerhafter Besiedlung ausgeschlossen

theoretisch möglicher Besieldungsraum
- Außengrenze = Polargrenze und Meeresgrenze
- Innengrenze = Trocken-, Höhen-, Waldgrenze

↓
- Ökumene = dauerhaft besiedelt
- Subökumene — Periökumene punktuelle Besiedlung
  - periodisch (Nomaden)
  - episodisch
  - zeitwertig
- Anökumene = ständig unbewohnter Raum der Erde

2.1 Polare Grenze

Kältegrenze oder Wärmemangelgrenze

jährlich schwankend → Temperaturschwankungen

Asymmetrie von Nord- und Südhalbkugel

Ost-West-Gegensatz

Südhalbkugel:

polare Siedlungsgrenze im Süden fassbar, restliche Grenze im Wasser

Antarktis –Feuerland = Anökumene
44 ° S erste Dauersiedlungen auf Feuerland
= auf der Nordhalbkugel Lübeck

an Grenzen kein Ackerbau, sonder Jagd, Fischerei, Viehwirtschaft
technische Neuerungen: Ackerbau in den ländlichen Bereich der Subökumene hineingeschoben

2.2 Trockengrenze

ebenfalls klimatischer Parameter
hygrische Grenze (NS)
Grenzsaum: hohe Variabilität
in Grenzbereich Übernutzung (Sahelzone)
Desertifikation im Süden der Sahara
in Subökumene nur Nomadenbevölkerung

2.3 Höhengrenze

Wärmemangelgrenze
polare Breiten → Äquator
Zunahme der Höhenobergrenze
Alpen max. 2100 m ü. NN
Anden bis über 5000 m ü. NN
Subökumene:
Osttiroler Alpen: Almwirtschaft
Nutzung im Sommerhalbjahr
Saisonale Siedlungen: Almen, Schutzhütten

Westl. Himalaja: permanente Siedlungen bei 1400 m
saisonale Siedlungen oberhalb und unterhalb
jahreszeitlicher Witterungsgang

2.4 Differenzierung und Dynamik der agraren Siedlungsgrenzen

Gegensatz von ökologischen und ökonomischen Grenze!

ökologische Grenzen	ökonomische Grenzen
eine absolute Grenze	keine starre feste Grenze
(Klima, Bodengüte)	kann nicht über ökologische Grenze
durch Naturräume	hinausreichen

wirtschaftliche Faktoren	natürliche Faktoren
↓	↓
ökonomische Grenzen	ökologische Grenzen
↓	↓

tatsächliche Grenze
| erschließbares Landpotential |

Grenztypen nach Dynamisierung:

expandierende Grenze	Länder der Dritten Welt
stagnierende Grenze	westl. orientierte Industrieländer
kontrahierende Grenze	Rückzug aus Ungunsträumen

Ausweitung des Landes: verfügbares Land
Beherrschung von Technik
Notwendigkeit der agrarischen Überproduktion
sozialdifferenzierte Bevölkerung

3 Siedlungsgestalt

3.1 Morphologische Betrachtung der ländlichen Siedlungen

Behausungsform
Grundrissform → früher: Spiegel wirt. und sozialer Rangordnung
Parzellenform
heute: überformt

3.1.1 Behausungen

Regionale und lokale Besonderheiten → Regionale Identität

- Behausungen können aus einem oder mehrerer Gebäude bestehen
- Gebäude = zusammenfassende Bezeichnung für Wohnhäuser, Wirtschaftsbauten, Kirchen
- Hof = die zu einem bäuerlichen Besitz gehörenden Gebäude incl. Hofplatz
- Hofstätte = Gebäude mit Grundstück

❖ *Gestaltung von Haus und Gehöft* → *Behausungsstätte*

Wohnen und Arbeiten
Lagerung von Ernte und Viehfutter
Aufbereitung, Unterbringung von Vieh und Geräten
Kommunikation und Religionsausübung

nähere Bestimmung durch:

- Behausungsart, Bauweise, Konstruktionsformen, Dach- und Wandgestaltung, Baustoffe
  - Höhlenwohnungen =Urform der Behausung
    selten Naturhöhle, meistens künstlich geschaffen
    2 Prinzipien: parallel zur Gesteinsschicht, Dach = Höhlendecke
    zylinderförmig in den Boden

- Zelt = primitivste Form des Schutzes, mobil → Nomaden
- Hütte = aus natürlichen Materialien
- Haus = gemauert, getrennte Räume, feste Wände, separate Dachkonstruktion; sesshafte Kulturen

Baumaterial ist von ökologischen Voraussetzungen der Region abhängig

Bauweise: Blockbauweise, Steinbau, Lehmbau, Fachwerkbau

- Adobehäuser Spanien, aus Lehmziegeln
  Verbreitung in allen Kolonialgebieten
  ungeeignet für Tropen (Regen, Erdbeben)
  → instabil
- Blockbohlenbau
  in waldreichen Gebieten, aufgehende Holzwände
- Ständerbauweise in wg. bewaldetem Gebiet
  Fachwerkhäuser versch. Stile (F, D)

Konstruktionsform: Blockbau, Ständerbau

Dach: Sattel-, Walm-, Zelt-, Krüppelwalm-, Mansarden-, Pult-
modern = Terrassendach
Pfettendach ⇔ Sparrendach

- <u>Verbindung der Bauten mit dem Untergrund</u>

bodenvage	⇔	bodenfest
Zelt,		mit oder ohne Keller
Wohnboot, -wagen		Stelzen, Pfähle, Gruben

- <u>Anordnung der Räumlichkeiten, Raumaufteilung und Ausstattung</u>

  Feuerstelle Heizfeuer (Ofen) + Herdfeuer (Herd)

  Einraumwohnung, Einhauswohnung

  Stallwohnung (mit Vieh zusammen)

- <u>Baulichkeiten des Gehöfts und deren Zuordnung zueinander</u>

  Einheits- oder Einbauhof ⇔ Mehrbauhof /Sammelbauhof

  - längsaufgeschlossenes Einheitshaus
    - ⇨ Niederdeutsches Hallenhaus
    - ⇨ Gulfhaus (T-Form): speziell: Eiderstedter Haubarg

    Mittellängsdiele

    Übergangsform zum Sammelbauhof
  - queraufgeschlossenes Einhaus
    - ⇨ Dreisässenhaus in den Schweizer Mittellanden
    - ⇨ Schwarzwaldhaus
  - Mehrbauhof geregelte Anlage
    - ⇨ Vierkanter in Niederösterreich und Jütland
    - ⇨ Dreiseithof in Mittel- und Süddeutschland
    - ⇨ Zweiseit- oder Hakenhof in Mittel- und Süddtl.
    - ⇨ Patiohaus

    ungeregelte Anlage Funkt. verteilen sich auf Einzelbauten
    - ⇨ Haufenhof
    - ⇨ Streuhof (große Entfernung zw. den Gebäuden)

    Wirtschaftsbauten Stall und Scheune, Speicher, Schuppen
    Tenne, Wasch-, Backhaus, Mühle, Schmiede

- <u>Größe und Gestalt des Grundstückes und Verhältnis von überbauter Fläche, Wohnfläche und Grundstücksfläche zueinander</u>

❖ *Einflussgrößen auf Haus- und Gehöftform*

- Naturfaktoren:
  - Klima
  - Vegetation
  - Naturgefahren
- Anthropogene Einflussgrößen
  - Gesellschaftsstruktur
  - soziale Differenzierung
  - Kulturkreiszugehörigkeit
  - Betriebsformen und Produktionsziele
- Persistenz und Wandel
  - Ankerbalkenhaus wird durch Dachbalkenhaus mit Sparrendach ersetzt
  - an Stelle des Zweiständerhaus tritt das Vierständerhaus

3.1.2 Ortsformen

aus Grundrissform und Behausungsdichte resultiert Ortsgestalt

wichtige Merkmale zur Bestimmung der Ortsgrundrissform =

1. regelmäßig, unregelmäßig
2. linear, polar, flächig
3. dicht, mäßig dicht, locker

❖ *Ortgröße*

- Größentypen: Einzel(hof)siedlung, Weiler, Dorf
- Verbreitungsgebiete
  - Einzel(hof)siedlung in Mitteleuropa
    Allgäu, Teil Westfalens, nordwestdeutsche Marschen

- Weiler in deutschen Mittelgebirgen
- Doppelhöfe: Westfalen und Lüneburger Heide
- Dorf: altbesiedelte Börden
  klimatisch günstige Gäulandschaften Süddeutschlands
  hessische Senken
  Gebiete der Ostkolonisation

▪ ökonomische Aspekte
- Einzelsiedlung
- lockere Reihensiedlung
- Gruppensiedlung

❖ *Grundrissform*
= Anordnung der in einer Siedlungseinheit zusammengefügten Haus- und Hofstätten bzw. deren Zuordnung zu Straßen und Plätzen

❖ *Bebauungsdichte*
= Abstand der Gebäude einer Stadt zueinander
sehr dicht (ohne Abstand) - sehr locker (Siedlung = kaum zu erkennen)

❖ *Katasterkarten*
= Grundlage zur Erfassung der Ortsform

unregelmäßiger Grundriss — spontane Entstehung
regelmäßiger Grundriss — geplante Gestaltung
↓
beeinflussende Faktoren — naturräumliche Bedingungen
Sozialstruktur der Siedler
Funktion der Siedlung
rechtliche Bindungen

nach der Anordnung der Hauser/Hofstätten in Verbindung mit den Freiflächen unterscheidet man 3 Grundformen der Siedlung:

(1) lineare Siedlungen Linearsiedlung

(2) platzbestimmte (polare) Siedlungen Platzsiedlung

(3) Siedlung mit flächigem Grundriss

unregelmäßiger Grundriss =Haufensiedlung

regelmäßiger Grundriss= Schachbrettsiedlung

Straßennetzanlage

linear = reihenförmige Anordnung der Häuser und Hofstätten

Folgen natürlicher Leitlinie (Flusslauf, Tal)

geradlinig →Zeilen

zwei Reihen kreuzen→ Kreuzreihensiedlung

➔ Reihendorf = lockere lineare Siedlung, die Leitlinie folgt

angelegt in hochmittelalterlicher Rodungs- und Kolonisationsperiode

genormte Flächengröße der eine Ackernahrung umfassenden Hofstelle (= Hufen)

Hufe = Reihensiedl. mit hofanschließender Streifenflur

- Waldhufendorf Mittelgebirge
  Reihensiedlung mit Streifenflur
- Marschhufendorf Holländer
  Erschließung der Marschen
- Hagenhufendorf Rechtsform
  Mecklenburg
- Radialhufendorf stark gebogen, fast kreisförmig
  Hofreihe und Flur segmentförmig
  von Parzellen gegliedert

- Moorhufensiedlung = jüngere Form
  Fehnkolonien

➔ Straßendorf zentrales Siedlungselement ist Straße
zwei relativdichte Reihen rahmen Straße ein
Sonderform: Sackgassendorf

➔ Platzsiedlung Platz = Grundelement, um den Haus und Hofstätte liegen
Platz in Gemeindebesitz = Allmende
Platz = Anger

- Rundling = kleines Platzdorf
  sektorenförmig zugeschnitten
  Ostkolonisation
- Angerdorf = mittelgroß
  planmäßig angelegt
  mittelalterliche Gehöfte in lockerem, selten dichtem, Abstand umrahmen Gemeindeweide =später für Kirche/Schule

➔ Haufendorf unregelmäßig flächiger Grundriss

- Etterdorf (Etter = Zaun)
- Gewanndorf Süddeutschland mit Gewannflur
- Wegedorf in Nordwestdeutschland
- Zellenhaufendorf in Bulgarien

➔ Schachbrettdorf regelmäßiges Wege- oder Straßennetz

3.1.3 Flurformen

- *Flur* = parzellierte, breitenmäßig einem/mehreren Betrieb/en zugeordnete agrarische Nutzfläche einer Siedlung
  umfasst Flächen innerhalb einer Gemarkung: Weideland, Wald, Wasser
- *Gemarkung* = Gesamtfläche einer Gemeinde / Siedlung
- *Flurform* = Eigentums-, Besitzliniengefüge der Flur, Parzellenform und deren Lage und Zuordnung zueinander bestimmt das Strukturmuster der Flur ▲ Blöcke ⇔ Streifen
  Kleineste Einheit = Parzelle (=1 Flurstück)

Einödlage = arrondierte Lage des Besitzes eines Betriebs

Gemengelage = gestreute Lage, mit dem Besitz anderer Betriebe vermengt

Einflussgrößen auf Lage Gestalt von Haus und Hof, Ort und Flur

physische Einflussgrößen		**Funktion**		**anthropogene Einflussgrößen**
Klima	→	Wirtschaftsweise	←	Gesellschaftsstruktur Sozialökonom. Struktur
Gesteinsuntergrund		↓		
Oberflächengestalt	→	Lage und Gestalt von Haus und Hof Ort und Flur	←	Politik, gesetzliche Vorschriften
Vegetation		↑		Stand der technischen Entwicklung
Böden		Gefahren		Betriebsgrößen
Gewässer	→	Persistenz der Siedlungssubstanz	←	Marktbedingungen, Verkehrslage

3.2 Phasen der Siedlungsentwicklung in Mitteleuropa

3.2.1 Altsiedelland (8./9. Jahrhundert)

Zeit der Völkerwanderung von Franken, Bajuwaren, Germanen besiedelt

Bajuwaren ersetzen abtretende Römer → Streusiedlungen, hackförmige Flureinteilung, Haufendörfer

Bevölkerungswachstum: Streusiedlungen → Weiler

planmäßige Kolonisation im Fränkischen → lineare Grundrissformen →Straßendörfer

nur lokale Befunde !allgemeine Aussagen sind nicht möglich

3.2.2 Rodungskolonisation (9.-12- Jahrhundert)

Voraussetzung: ritterliches Lehenwesen

zunehmendes Bevölkerungswachstum

→ Verdichtung, Ausdehnung der Flur auf Kosten der Allmende

→ Entfaltung des Städtewesens

→ erhöhte Getreideproduktion

→ Vergewannung in Süddeutschland: Realerbteilung

→ Parzellen werden immer kleiner

→ Rodungsweiler typische Ortsnamen, Lenkung durch Klöster

Norddeutschland: Eindeichungsmaßnahmen → Marschhufensiedlungen
Rundlinge in slawisch-deutschem Grenzgebiet

3.2.3 hochmittelalterliche Ausbauperiode (1200-1400)

Ostkolonisation: germanische Stämme rücken nach Osten vor
Grundherrn sind Landesherrn, Adelige, Klöster
gefestigtes Bauerntum in Norddeutschland
Zersplitterung der Bauern in Süddeutschland: Altbauern ⇔ junge Bauern

3.2.4 Spätmittelalterliche Wüstungsperiode(1400-1520)

sinkende Bevölkerungszahlen aufgrund hochmittelalterlicher Seuchen (Pest) und Agrarkrise
Ortwüstung ⇔ Flurwüstung
temporäre Wüstungen

3.2.5 Neuzeit (17. Jh. - 18. Jh.)

letzte Phase der Ausweisung von neuen Siedlungsflächen
Parzellierung der Allmende
Moorgebiete → Fehnkultur (Moorkultivierung)
Eindeichung und Neulandgewinnung → „Polder“, „Junge Marsch“
Heidekolonisation

3.2.6 Ortsnamen

verschiedene Phasen and Ortsnamen rekonstruierbar

- zeitliche Einordnung (best. Namen mit zeitlicher Benutzungsbegrenzung)
- Bestimmung früherer Funktion
- ethnische Siedlerschichten

Ortsnamen gehen auf Ort, Flur, Allmende oder Gewässer zurück
[→ Tabelle LINAU, S. 162]

4 Siedlungslage und Lagebeziehungen

HETTNER: topographische Lage (1)
geographische Lage (2)

4.1 Topographische Lage

Lage der Siedlung im physische-geographischen Umfeld (Tal, Berg, am Fluss)
Gunstlagen werden bei Siedlungsanlage bevorzugt
Kamm- oder Spornsieldung (auf Berg) → Schutzfunktion
Moor-Randsiedlung → Siedlung an Nahstelle zweier Naturräume

4.2 Geographische Lage

räumlich-funktionales Gefüge, Beziehung zu anderen Siedlungen
Marktlage einer Siedlung → Hinweis auf frühere Funktion
Verkehrsverfechtungen

5 Siedlungsfunktionen

5.1 Siedlungsart oder –weise

5.1.1 Benutzungsdauer

permanente oder vorübergehende Benutzung der Siedlugen
RICHTHOFEN: bodenstete Siedlung ⇔ bodenvage Siedlung

5.1.2 Benutzungsfolge

fester Rhythmus der Nutzung → periodische Siedlungsnutzung
unregelmäßig → episodische Nutzung

5.1.3 Benutzungsart

Sieldungsplatz als Haupt- oder Nebenwohnsitz
MÜLLER-WILLE: Arten der menschlichen Siedlung

(1) Dauer- oder permanente Siedlungen über mehrere Generationen hinweg bewohnt, = vorherrschende Siedlungsart
(2) Semipermanente Siedlungen: Wohnplätze über mehrere Jahre hinweg bewohnt und anschließende Aufgabe der Siedlung (Wanderfeldbau), durch Technisierung im Rückzug, kaum mehr vorhanden
(3) temporäre Siedlungen: nicht ständig bewohnte Plätze
ephemere Siedlungen: an wenigen Tragen genutzt
zeitweilig genutzte Siedlungen (Hirtennomadentum)
(4) saisonal benutzte Siedlungen
orientiert an jahreszeitlichem Rhythmus
annuelle Siedlungen: witterungsabhängig:
Almwirtschaft, Transhumanz

LIENAU: temporäre Siedlungen mit Wirtschaftsfunktion
temporäre Siedlungen mit Freizeitfunktion

5.2 Allgemeine Siedlungsfunktion (Daseinsgrundfunktionen)

Wohnen, Arbeiten, Kommunikation, in Gemeinschaft leben, Bildung, Versorgung und Erholung

➔ LIENAU S. 93 ff

5.2.1 Wohnfunktion

Bedürfnisse = abhängig von Kultur, Technik, Entwicklungstand
=zeitlichen Veränderungen unterworfen

Statistische Kerngröße:

- Umfang der Wohnfunktion:

  $\frac{\text{Wohnungen}}{\text{Arbeitsplätze}}$

  W = A → gemischtes Verhältnis
  W < A → Arbeitsfunktion = dominant

  - ländliche Wohnsiedlung
  - ländliche Wohn- und Arbeitsstättensiedlung
  - ländliche Arbeitsstättensiedlung
- Verhältnis von Ein- und Auspendlern

Wohnweise
Eigentums- oder Mietwohnung
Eigen- oder Mietherr
Mehrfamilienhäuser (Geschosswohnungsbau)
Haushaltsgröße

Merkmal des ländlichen Sieldungsraumes

Dominanz von Eigentumswohnungen und Eigenheimen

Wohnbedürfnisse in zeitlicher Veränderung

Grundriss und Fassade lässt auf Bauzeit schließen

5.2.2 Arbeits(stätten)funktion

- Agrarsiedlungen
- Agrarsiedlung – und Industrie-/Gewerbesiedlungen
- ländliche Industrie- /Gewerbesiedlungen
- ländliche Industrie- /Gewerbesiedlungen und Dienstleistungssiedlungen
- Agrar- und Dienstleistungssiedlungen
- ländliche Dienstleistungssiedlungen
- Feriensiedlung

Vorkriegszeit: Landwirtschaftliche Betriebe mit bestimmtem Schwerpunkt dominierten (Wald, Wein, Vieh)

→ wichtige Wurzeln für spätere Industriezweige

I., II., III. Sektor

je einseitiger der Ort geprägt ist, desto anfälliger ist er in Wirtschaftskrisen

5.2.3 Versorgungsfunktion

Siedlungen des ländlichen Raumes besitzen:

- azentrale Orte
- unterste Versorgungszentren: Orte unterer Selbstversorgung
- Unterzentren teilfunktionale Unterzentren
- Mittelzentren

5.2.4 Erholungsfunktion

+ Bildungsfunktion, in Gemeinschaft leben, Kommunikation

Erholung: Sportstätten, Parkanlagen, Kureinrichtungen

Bildung: Schulen, Museen

Kommunikation und in Gemeinschaft leben: Verkehrswege, Kirchen, Gemeindehaus

Siedlungen oder Siedlungsteile mit überörtlichen, nicht unter die zentralen fallenden Funktionen =

- Fremdenverkehrs-, Freizeit-, Erholungssiedlungen
- Verkehrssiedlungen (Eisenbahnstation)
- Kultsiedlungen (Klostersiedlung)

Geplante Fremdenverkehrssiedlungen

- Große Bandbreite
  Wochenendhaussiedlung ⇔ Ferienhaussiedlung
  nur saisonal genutzt
  kaum Veränderung des ländlichen Raumes
  große Veränderungen durch Ski –Tourismus
- Plansiedlungen
  keine eigene Gemarkung
  Probleme: unsinnige administrative Zuordnung
  Wildwuchs
  Neu- oder Umbewertung von topograph. / georaph. Lage
  Saisonalität der Nutzung
  sozioökonomische Selektion der Nutzer

Rentnersiedlungen
„retirement settlements" (PG 10/1991, S. 53)
im SW der USA und im O in Florida
„snow birds" → Rentner ziehen im Winter in den Süden
„mobile homes" formieren sich zu geschlossenen Siedlungen
→ „Sun belt migration"

altersaktiver Lebensstil → Lebensverlängerung
dezidierte Ausgrenzung anderer Alters- und Sozialgruppen
eigene Polizei → Sicherheitsbedürfnis

5.3 Funktionale Siedlungstypisierung

Ansatz 1: MÜLLER-WOLLE
Ansatz 2: ökonomischer Ansatz (Siedlung im ländlichen Raum)

Frage nach passenden Merkmalen
mehrere oder ein Merkmal?
Herstellung des Raumbezugs?

Grundlage = Bevölkerungsstatistik

Erwerbspersonen	Erwerbstätige + vorübergehend Erwerbslose bzw. Arbeitslose, bezogen auf Wohnsiedlung (Hauptwohnsitz)
Beschäftigte	alle arbeitenden Erwerbspersonen in einer Gemeinde, Ein- und Auspendler [Erwerbspersonen + Einpendler – Auspendler]

FEHRE (1961) ortsansässige Erwerbspersonen und Zuordnung zu Wirtschaftssektoren

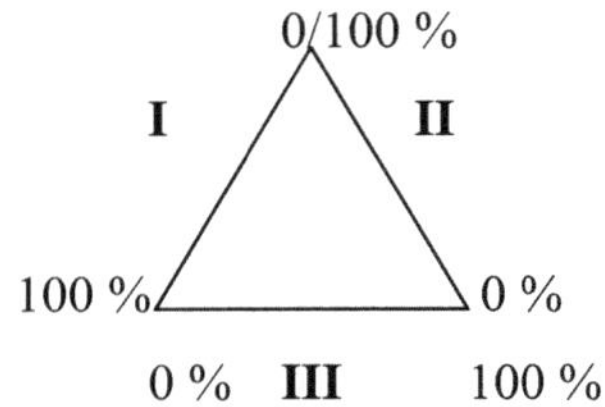

Prozentsätze der Beschäftigten in den drei Sektoren werden in Dreiecksdiagramm eingetragen (= Strukturdiagramm)

erreicht ein Sektor 50 % = typgebend für Gemeinde

<u>Ansatz 3</u>: sozial-ökonomische Gemeindetypisierung
Erwerbspersonen + berufliche Stellung

<u>komplexe Typisierung</u> von BÄHR (1971)
Gemeindetypisierung nach Faktorenanalyse
40 Variabeln in Gruppen geordnet: wirtschaftliche
bauliche
demographische Merkmale
(Altersstruktur, Familienstand, Stellung im Beruf, Beschäftigte in verschiedenen Wirtschaftssektoren, ...)
= exakte Methode, aber für Raumplanung kaum brauchbar

6 Versorgungsfunktion

Zentralörtliches Konzept von CHRISTALLER

Versorgung innerhalb eines Raumes

zu kurz im LIENAU, deshalb zusätzlich

HEINRITZ G. (1979): Zentralität und zentrale Orte (TEUBNER)

Zentralität =

1. Zentralität als Mittelpunkt eines Gebietes (Eigenschaft: zentrale Lage)
2. bezeichnet die „relative Bedeutung eines Ortes in Bezug auf das ihn umgebende Umland (Bedeutungsüberschuss)

Bewohner eines Raumes müssen sich versorgen

1. Güter des täglichen Bedarfs
2. Güter des längerfristigen Bedarfs

→ je seltener Gut nachgefragt wird, umso größer muss Einzugsgebiet sein

→ Bedeutungsüberschuss, wenn sich Nachfrage auf Bevölkerung aus der Umgebung stützt (Angebot geht über örtliche Nachfrage hinaus)

Was sind zentrale Funktionen ?

Einrichtungen der Verwaltung (Standesamt)
des Gesundheitswesens
von gesellschaftlicher Bedeutung (Kino)
zur Organisation des wirt. und sozialen Lebens (IHK)
des Handels und des Geldverkehrs (Markt, Bank)
des Gewerbes
des Verkehrs (Bahn, Post)

geometrische Ableitung des zentralen Modells

2 Grundannahmen: Homoökonomicus: Wahl des kürzeren Weges
homogener geographischer Raum (gleichmäßige Bevölkerungsverteilung)

einzige Variable: Transportkosten

äußere Grenze: Bezug eines 2. Gutes aus Ort 2

innere Grenze der Reichweite Konsumentenzahl, um Gut rentabel anbieten zu können

Anbieter versucht möglichst großen Abstand von Konkurrenten zu halten

Ranghöhere in größeren Abständen als Rangniedere

Ranghöhere zentrale Orte haben ein Netz niedrigerer zentraler Orte zugeordnet

6.1 Das zentralörtliche Konzept in Landes- und Regionalplanung

Einrichtungen für bestimmte Zentren

6.2 Grundansätze der Zentralitätsmessung

Telefonmethode von CHRISTALLER in 30er Jahren sinnvoll, da Anschlüsse nur geschäftlich genutzt

heute umfangreicher Katalog nötig

Drei grundsätzliche Ansätze:

- Ausstattung der zentralen Orte Was ist vorhanden?
- statistischer Zugang Zentralität aus Beschäftigtenzahlen ableiten
  relative Beschäftigungszahl zu Einwohnerzahl
- empirischer Ansatz Inanspruchnahme empirischer Güter hinter fragen

Wer nimmt wie oft welche Güter an welchen zentralen Orten in Anspruch?

Freie Zentralität Konsument entscheidet frei wo er welches Gut nachfragt

Feste Zentralität fixiert, z. B nach Zuständigkeitsbereich (Ämter)

Unterschiedliche Begriffe in unterschiedlichen Ländern

in Deutschland hat sich KLICZKA (1970) durchgesetzt Unterzentrum
Kleinzentrum
Mittelzentrum
Oberzentrum

in Bayern Landesentwicklungsprogramm (LEP)

RUPPERT: Kleinzentrum
Unterzentrum [bevorzugt zu entwickeln]
Mittelzentrum
Oberzentrum

mögliches Mittelzentrum + mögliches Oberzentrum als Übergangskategorie)

Einrichtungen UZ: HS, Bücherei, Bad, Sportplatz, mehrere Ärzte, Handwerk, Grundbedarf-Einkauf

MZ: Gym., RS, Sonderschule, BS, Erwachsenenbildung, 3fach Turnhalle

OZ: alle Schulen, anschließende Bildungsstätten

7 Raumwirksame staatliche Steuerungsmaßnahmen im ländlichen Raum

Gesamt (Raum-)Planung und Fachplanung

7.1 Gesamt (Raum-)Planung

Raum-	(ROP)	Bundesebene	*Bundesministerium*
ordnungs-		Landesebene	*Staatministerium*
planung		Regionalebene	*Landratsämter*
		Lokalebene: Städte /Gemeinden	
		ROP = unmittelbar hier wirksam	

7.2 Fachplanung

fachspezifischer Raumplanung bezieht sich auf fachlichen Aspekt
Planfeststellungsverfahren

7.2.1 Beispiel: Flurbereinigung

Umlegung, Zusammenlegung, Feldregulierung
Verbesserung der landwirtschaftlichen Betriebsstrukturen
Parzellen werden zu wirtschaftlichen Flächen zusammengelegt
Flankierende Maßnahmen: Anlage neuer Wegnetze
Mildierung der Flur
Aussiedlung landw. Betriebe aus Dorflage
↓
Dorferneuerung

Flurbereinigung = Verbesserung der Agrarstruktur
= Instrument der Landschaftsplanung

historische Vorläufer der Flurbereinigung
Verkopplung in Schleswig-Holstein, Kennzeichnung nach außen hin mit Hecken (Knicks) Knicklandschaften

7.2.2 Beispiel: Dorferneuerung

Ortsauflockerung
Konzept der erhaltenden Dorferneuerung

- 7 Sektoren: Landwirtschaft
  Gewerbe, kleine Handwerksbetriebe
  Neugestaltung der Dorfstraßen
  Kommunale Grundausstattung
  Begrünung und Gewässer
  Denkmalpflege
  Gemeinschaftsbewusstsein der Mitbürger

- Ziele der Dorferneuerung
  (1) individueller Charakter
  (2) Erhaltung der regionaltypischen Bausubstanz
  (3) Einbindung in die umgebende Natur und Landschaft
  (4) Verbesserung der Wohn- und Arbeitsverhältnisse im alten Ortskern
  (5) Wirtschaftsbedingungen
  (6) Freizeit- und Erholungswert

- Dorferneuerung ein ganzheitlicher Prozess
  der Erhaltung, der Gestaltung und der Entwicklung
  der Bausubstanz und der Flur
  (1) Bestandaufnahme
  Lage, Geschichte, Bevölkerung, Wirtschaft, Kultur, Siedlungsentwicklung, Bausubstanz, Denkmalschutz, Freiflächen, Ökologie
  → systematische Kartierung
  (2) Bewertung
  (3) Ableitung des Konzepts
  Mängel. Potentiale, Ziele, Maßnahmen, Mittelgerüst
  (4) Umsetzung
  Kostenplan, Akzeptanz der Betroffenen Bevölkerung
  ↑ ↑ ↑
  Bürger Verwaltung Planer

Problem: Leere Hülle oder lebendige Mitte?

8 Siedlungsentwicklung und sozioökonomische/politische Entwicklungsprozesse

8.1 Stufenmodell von BOTSEK: Gesellschaftliche Stufen

„Hauptstufen der Gesellschafts- und Wirtschaftentwicklung in geographischer Sicht“

6 Stufen:

(1) Wildbeuter - Stufe
(2) Spezialisierte Jäger
(3) Sippenbauerntum
(4) herrschaftlich organisierte Agrargesellschaft
(5) älteres Städtewesen/Rentenkapitalismus
(6) Produktiver Kapitalismus/industrielle Gesellschaft
jüngeres Städtewesen

	Siedlungsart	Siedlungsstruktur
(1)	epephem	einfach
(2)		
(3)	episodisch/periodisch/ teils permanent	Zelte/Hütten
(4)		
(5)		funktionale Trennung (Basar, Wohnraum
(6)	permanent	komplex, Vielzahl von Stadtmodellen

Wir haben Stufe 6 überschritten:

(7)	Dienstleistungsgesellschaft	
	semipermanent	komplex
	permanent	

8.2 Siedlungsentwicklung in Abhängigkeit von politisch / ökonomischen Systemen

Prozessorientiertes Modell von NITZ/WALLERSTEIN

WALLERSTEIN: amerikanischer Sozialhistoriker

„The modern World Systems"

Band 1: Kapitalistische Landwirtschaft + Ansätze im 16. Jh. der Weltwirtschaft

Band 2: Merkantilismus 1600-1750

NITZ: deutscher Geograph nahm WALLERSTEIN als Grundlage

„Siedlungsgeographie als historisch-gesellschaftliche Prozessforschung"

GR 36, 162-169

WALLERSTEIN Konzept für Herausbildung eines europäischen Weltwirtschaftraumes→ 16- Jh.

aus historischer Sicht entwickelt er Systemverständnis eines zentralen Weltwirtschaftsraumes

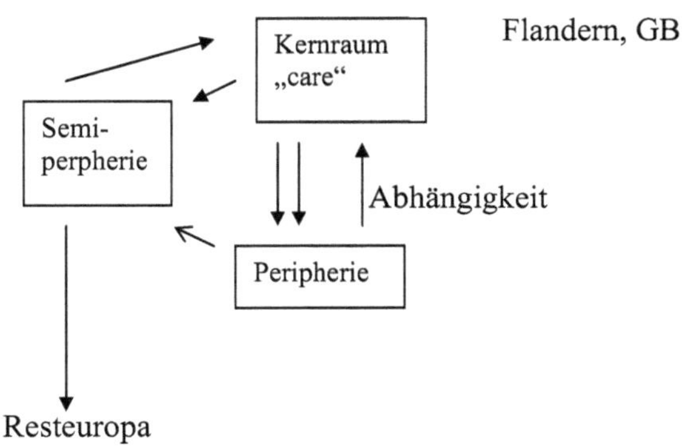

Funktionsräumliche Arbeitsteilung

Einbindung regionaler Strukturen

NITZ zieht Parallelen zwischen Kernraum heute und Kernraum Flandern/GB

bestehende Siedlungsräume erweitert, umgeformt
entscheidend =: Welche Richtung der Entwicklung?

Standort der Region: In NL großflächige Einpolderung → Gemüseanbau
In Norddeutschland: Fehnkulturen
Marschen → Getreidebau

Bestimmte Siedlungsdynamik hat 3 Phasen:

(1) Merkantilismus / Kolonialismus
(2) Industrialisierung
(3) Spät-Postindustrielle Entwicklung